舌尖上的K姐之
大師的家宴

K姐—著

K姐

K 姐／朱康瑩／英文名 Karen Chu

有點強迫症，外表有距離感，其實內心住著一個少女的摩羯座 A 型

台北市人，在美加居住了 18 年

身上流著浙江、山東和上海血統，還有一位非常會做菜的奶奶

從小耳濡目染，熟悉江浙菜和麵點，在國外多年來吃了不少西餐，味蕾飽嚐了中西文化，也養成了刁嘴的習慣

學習藝術多年，因曾任職畫廊，經常走訪各地參加拍賣會，每到一地就會搜尋當地的美食，也品嚐了不少各地美酒佳餚

喜歡分享自己的美食和品酒筆記，五年前在 FB 上創立了自己的社群「K姐食記」和「微醺 K 姐的 K-Wine」，因興趣考了葡萄酒與烈酒 WSET Level 2 的認證，無心插柳，沒想到累積了不少追蹤者，因緣際會成為 GQ 雜誌的「GQ 微醺酪人」，爾後竟開始了自己的葡萄酒事業 K-Wine

因工作經常走訪香港，認識了現在的另一半，在香港結婚生子後，受國際旅遊平台 Expedia 智遊網邀請成為美食達人，紀錄和分享各地旅遊和美食經驗

2015 誕下一名可愛的女兒「栗子」，之後移居上海

在香港和上海居住期間，深入了解了兩地的生活和飲食文化，也更親密接觸了真正道地的廣東菜和本幫菜

2016 年，在朋友引薦下，參加了中國知名平台「愛奇藝」製作的「大師的家宴」節目，由素人掌廚演繹中國十大名廚的經典菜系，並由直播的方式現場烹飪料理

因為在節目中表現不俗，受到製作組青睞，之後與「愛奇藝」合作，成為「愛奇藝 i 紅人圈」主播，除了每週固定時段直播，也喚起了心中的煮婦魂

現在定居於家鄉台灣，除了依舊熱愛嘗試各種美食，更喜歡在家料理烹飪，持續進行吃喝的大業

我愛吃，我愛煮，我用舌尖探索世界。

INSPIRATION
靈感

其實出書一直是人生中想要完成的一個小小心願，但總是佛系地覺得時機到了船自然會靠岸

然而真正有念頭是參加「愛奇藝－大師的家宴」節目開始；當時「愛奇藝」邀請了中國十大名廚和幾位素人，請素人在家直播演繹大師的經典菜

節目安排料理「川菜廚聖」葉威光的「瑞鶴仙－金錢花膠扒上海紅頭老白鴨」和「中國食神」李耀雲的「摸魚兒－三十年花雕蒸松江秀野橋四腮鱸魚」

葉威光是國寶級川菜大師，錦江飯店廚師長，師從川菜泰斗胥元誠、肖良初，曾為毛澤東、周恩來、朱德、劉少奇等親烹盛宴；李耀雲則是國寶級淮揚菜泰斗，世界中餐名廚交流協會會長，榮獲中國烹飪協會中國烹飪大師終身成就獎，參加第十七屆世界奧林匹克烹飪大賽，為中國贏得首次、唯一一次七枚金牌

光聽這兩人來頭就嚇得我驚慌失措，而節目組只提供了菜名和大約一分鐘的人物專訪，專訪中約略提到菜色的部分材料和作法，其他一概自己揣摩

沒有經驗的我，一直以為「瑞鶴仙－金錢花膠扒上海紅頭老白鴨」是一道湯，並在家試做了一次，直到節目直播前三天才知道原來是炸一整隻鴨！全鴨和花膠在台灣並不好買，也來不及再試做，於是就硬著頭皮上了

生平第一次炸一整隻鴨，沒想到將鴨炸至金黃的時間遠超過想像，且直播不能開抽油煙機，大量油煙弄得警報器大聲作響，連警衛都跑來；熱油不停濺在手上，地上也因為濺出來的油而變得非常滑，但因為直播正在進行中，在鏡頭前不能暫停，還要表現得從容淡定，還好最後兩道菜都在時間內順利完成

雖是難忘的經驗，但也正因為這次的直播，「愛奇藝」覺得效果不錯，邀請我加入「愛奇藝i紅人圈」主播的行列，之後固定時段在線上直播烹飪、親子或美食等主題

此時想要出書的念頭一直在我腦海裡盤旋，經過這次挑戰國宴大師的經歷之後，開始對自己比較有信心，也因為這次的嘗試進入了一個新的領域，幾經思考之後，終於決定以「大師的家宴」作為本書的主題

這本書的初衷，其實是要告訴大家，做菜是很輕鬆、隨性、好玩的事，不要對繁瑣的步驟產生恐懼。書中的章節編排，希望是大家熟悉且多元的各式菜系，步驟儘量清楚簡單，食材唾手可得而又不難上手，一個章節五道菜剛剛好是一桌完整的美味料理

另外想要貢獻給讀者的，是師傅不說你不知道的烹飪小撇步！大家是否納悶為什麼在家做菜，味道就是和餐廳不一樣呢？不但在這本書中告訴你，更要讓你知道，就連像我一樣的家庭主婦，也能做出大師的料理！

這次要特別感謝不藏私，在百忙之中撥冗傾囊相授的「大師」們，願意為這本書提供了自己的私房菜單，對於喜愛料理的人來說，做菜是快樂，也樂於和所有喜愛美食的人分享

就讓這本書教你輕鬆將大師的料理般到自己餐桌上，這一桌好菜，保證老公疼愛、公婆讚賞、請客都有面子，絕對是值得珍藏的料理寶典！

Contents

目錄

Chapter 1

大三元酒樓

四十年傳統老字號粵菜

✿

台北米其林一星

　　創立於 1970 年，位於台北市衡陽路一棟六層樓的老字號粵菜餐廳。除了充滿字畫與藝術品，與道地美味的粵式菜餚，董事長邱靜惠女士打造的美食殿堂在台北美食圈有著不可動搖的地位，更是許多人美好的成長記憶。近年由第二代接手協助管理之後，更讓「大三元」生氣蓬勃煥然一新，除了原來老客戶，獨立的包廂和專業齊全的酒杯更吸引了一批年輕人和品酒人士相繼造訪，賦予了傳統老字號中餐廳史無前例的全新定位。

　　最近「大三元」更獲得了台北米其林一星的殊榮，原本門庭若市的好生意，現在更是熱鬧非凡，其中如烤鴨、麻油處女蟳、避風塘炒蟹、苦茶油雞湯、龍蝦意麵以及各式港式小點等都是深受饕客們喜愛的招牌料理，如今將幾道粵菜經典菜色收錄在本書中，讓大家在家也能輕鬆做出正宗廣東菜！

港式清蒸魚

材料

蔥 2 ～ 3 根、鮮魚 1 尾、薑 6 片、米酒或花雕酒 1 大匙、橄欖油 2 大匙、蒸魚豉油 2 大匙（李景記）、蠔油 1 大匙

1　蔥白切段備用；蔥綠用蔥絲刀拉成絲，浸泡在白開水裡備用

2　魚洗淨，魚身不要劃刀，放在淺盤中；切好的蔥白段墊在魚身底下（讓蒸魚的時候熱氣可以循環），薑片放在魚鰓和魚腹中間剖開的位置，淋上酒

3　依據魚的大小，大火蒸約 7 ～ 10 分鐘；魚蒸好之後，將魚用兩個鍋鏟取出，移到一個新的乾淨的盤中；將蔥絲的水濾乾，鋪在魚身上

4　用一新的鍋子將橄欖油、蒸魚豉油和蠔油加熱至滾燙冒泡，晃動鍋子讓醬汁熗一下鍋邊，之後直接淋在魚上即可上菜

 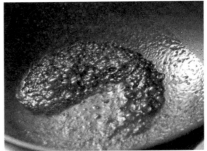

師傅沒說你不知道的事

- 廣東菜裡面會用「熗鍋邊」的方式，所謂「熗」就是用手晃動鍋子，讓鍋中的醬汁接觸圍繞鍋邊，利用鍋子外圍大火的熱度讓醬油產生焦香，香氣揮發出來之後的醬汁更有風味。
- 淋魚的醬汁不要怕油多，充分的油脂，魚肉口感才會滑嫩；油一定要加熱至滾燙冒泡，否則易有油味。
- 盡量用海魚，不要用河鮮，河鮮容易有土味，而且肉質較柴，不夠鮮嫩。
- 蒸魚的要點就是要吃魚肉的鮮甜度，午仔魚、三角魚或石斑都是不錯的選擇。

滑蛋牛肉

材料

- 醃肉材料：牛後退次肉（又稱和尚頭）50 公克、醬油 1 大匙、雞粉少許、胡椒粉少許、蛋黃 1 顆、太白粉少許、奇異果 1 顆、橄欖油 1 大匙
- 炒蛋材料：蛋 3 顆、蔥 1 根、橄欖油 2 大匙

1　牛肉切薄片，用醬油、雞粉、胡椒粉、蛋黃、太白粉和奇異果汁醃漬 40 分鐘使肉質變軟嫩

2　肉片下鍋前加 1 大匙生橄欖油攪拌一下

3　用一炒鍋，鍋熱之後下 2 大匙冷油，油熱之後關火（油多沒關係），下牛肉之後再開小火將牛肉先炒至 6 分熟（千萬不要炒太熟），取出備用

4　將三顆蛋打散，蔥切蔥花

5　用一新的乾淨的不沾鍋鍋子，鍋熱下冷油，下蛋之前把火關掉，蛋下去之後開小火，或是用鍋內的餘溫，用鍋鏟慢慢推蛋汁

6　滑蛋 5 分熟的時候下牛肉，炒到 7 分熟，最後撒點蔥花即可起鍋（不要蓋蓋子，以免有水蒸氣菜會溼掉）

師傅沒說你不知道的事

- 廣東菜牛肉片軟嫩的秘訣：一般餐廳會使用嫩肉粉或嫩肉精，但如在家做菜想要健康一點，可以用奇異果、木瓜或鳳梨等含有豐富酵素的果汁醃漬。
- 醃肉的時候加一點蛋黃會讓肉有蓬鬆鬆軟的口感。
- 如有新鮮鴨蛋，用鴨蛋炒味道更香。

港式煲仔飯

材料

臘腸 2 根、潤腸 2 根、水 4.5 杯、白米（最好是長梗米或泰國米）3 杯、蒜苗 2 根、煲仔飯甜豉油（李錦記、淘大都有出）2 大匙

1 臘腸和潤腸先泡熱水，將外面的膜去掉之後切片

2 砂鍋中放 4 杯半的水，大火將水煮滾之後下米，煮滾之後關小火煮 15 ～ 20 分鐘，煮至米水變稠（如果水分太多可以撈掉一點水），到差不多快沒水分的時候放臘味，蓋上蓋子

3 關最小火，盡量讓火不要碰到鍋子以免鍋底的飯燒焦，用砂鍋的熱氣讓它悶熟約 20 分鐘

4 飯煮好之後，放上切斜薄片的蒜苗，淋上煲仔飯豉油，攪拌鍋內的鍋粑和米飯，讓香氣四溢即可上菜

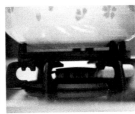

師傅沒說你不知道的事

- 用砂鍋煮，水份要多一點，米跟水的比例大約是 1:1.5；如 3 杯米，需放 4.5 杯的水。
- 水滾才下米，冷水下米容易黏鍋，因為米重，容易下墜。
- 水的比例、火候和時間控制需要經驗；如要加青菜（一般用芥蘭或青江菜）要將青菜先燙熟，在起鍋前將青菜和一些蒜苗放入鍋中稍微悶熟。

自製煲仔飯醬汁

- 用老抽、蒸魚豉油、美極鮮味露、豬油（產生香氣）和糖，熬煮至黏稠推到起膠質即可，或是直接買現成的也可以（口味可隨個人喜好選擇調整；用老抽是增添顏色跟甜度，中國海天老抽偏鹹，廣東巨力老抽偏甜）。

ＸＯ醬炒蘿蔔糕

材料

綠豆芽 1 把、韭黃 1 小把、蘿蔔糕 1 大塊、香菜葉少許、雞蛋 2 顆、XO 醬 3 大匙、醬油 1 茶匙

1　綠豆芽洗淨去頭去尾（所謂銀芽就是去頭去尾的綠豆芽）；韭黃洗淨切段；蘿蔔糕切成一口大小；香菜葉洗淨之後用手撕下葉子

2　蘿蔔糕用油煎至金黃之後取出備用；雞蛋打散，加一點油炒熟之後取出備用

3　將 XO 醬爆香，放入炒熟的蛋與 XO 醬炒勻，下蘿蔔糕炒香，最後放入銀芽和韭黃（銀芽不要炒太熟）

4　加一點醬油調味，稍微炒一下即可上菜，上菜前可撒上一些香菜葉點綴

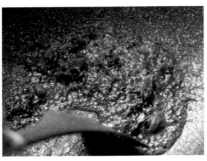

師傅沒說你不知道的事

● 先炒雞蛋會讓鍋子的毛細孔蓋住，形成阻隔，之後再炒蘿蔔糕比較不容易沾鍋。

金銀蛋浸莧菜

材料

鹹鴨蛋 1 顆、皮蛋 1 顆、莧菜 1 把、薑 3 片、蒜頭 2 ～ 3 顆、高湯 1 杯

1 將皮蛋蒸熟，以免中間的溏心黏刀；將熟的鹹鴨蛋和皮蛋剝殼之後切小丁

2 莧菜洗淨，對切或切三段

3 用一點油先將薑片和大蒜爆香，之後放入皮蛋和鹹鴨蛋丁炒香，將風味和香氣
  爆出來

4 加入高湯，再放入莧菜悶 3 ～ 5 分鐘之後即可上菜

Chapter 2

金蓬萊遵古台菜

七十年傳統正宗老字號台菜

❀

台北米其林一星

　　「金蓬萊」起始於五零年代座落於北投的酒家菜「蓬萊食堂」。所謂酒家菜就是口味偏重適合下酒的料理，美酒佳餚伴隨著溫泉和那卡西，「蓬萊食堂」在北投一區深受饕客喜愛，也讓他們在傳統台菜奠定了一席之地。

　　八零年代「金蓬萊」遷往天母，從食材用料、處理、烹調一路堅持忠於原味，三代傳承的老味道至今已成為正宗台灣老字號台菜的代表，這次更榮獲第一屆台北米其林一星的肯定，讓台灣的傳統料理名揚國際！

　　說起「金蓬萊」，相信老饕們必定首推蓬萊排骨酥，其他如佛跳牆、土托魚米粉鍋、魷魚螺肉蒜鍋、干貝蚵煎、麻油腰花等也是代表台灣的經典料理，是不是聽了都讓人口水直流呢？

蔭豉蚵仔豆腐

材料

鮮蚵 200 公克、家常豆腐或雞蛋豆腐 1 塊、紅辣椒 2 根、蒜末 1 大匙、薑末 1 大匙、米酒 1 大匙、濕的豆豉醬 3 大匙、蠔油 1 大匙、糖 1 茶匙、雞粉少許、味酥 1 大匙、香油 1 茶匙、油條 1/2 根、蔥花少許

1　鮮蚵燙過，泡冷水；豆腐切成一口大小；辣椒切末
2　起一鍋熱油將蒜末、薑末爆香，加米酒熗鍋
3　加豆豉醬、蠔油、糖、雞粉和味酥，讓醬汁微滾一下
4　下豆腐，小火微滾約一分鐘讓豆腐入味
5　下蚵仔、辣椒末，稍微拌一下，下香油，起鍋
6　將油條壓碎，撒上碎油條和蔥花即可上菜

師傅沒說你不知道的事

● 鮮蚵燙過可以去除外面的黏液，泡冷水能讓蚵仔不要過熟，並且增加口感，炒的時候才不會黏糊糊的很軟爛。

麻油腰花

材料

腰花 1 塊、北港小家冷壓麻油 6 大匙、薑 6 片、高湯 1 杯、米酒 1 杯、鹽少許、味醂 1 大匙

1 腰花從中間對剖成兩半，將內部整塊白色的濾泡切除片乾淨，翻過來，走刀花，片切

2 腰花切好後放在一個盆子裡面走活水 20 分鐘

3 鍋內加麻油，用小火煸薑片至焦黃

4 開大火下腰花，大火爆炒至腰花變色

5 下高湯加米酒（1:1 或 1:1/2 都可以，隨個人口味），用中火滾

6 加一點鹽巴和味醂調味，看一下腰花的熟度，差不多八分熟了就要起鍋，不要煮太久

師傅沒說你不知道的事

● 腰花好不好吃的重點就在走水，走清水就是讓水龍頭的水一直開著，讓清水沖掉腰花的尿騷味。

● 選腰花：顏色太深太紅太粉的都不行，腰花最好的顏色是粉肉白色；摸腰花，如果是軟的，煮起來就是軟軟爛爛的，飽滿的腰花煮出來口感才會紮實。

● 麻油一分錢一分貨，好的麻油一定是小家的，選價格偏高的麻油。

香菇蛤蜊雞鍋

材料

帶骨雞腿 2 支（切塊）、香菇 6 朵、蛤蜊 1/2 斤、雞高湯 600cc、味醂 2 大匙、鹽 1 茶匙、薑 5 片、蔥 2 根、米酒 1 大匙

1 雞肉請肉舖切塊，先燙過去血水，用清水洗淨

2 乾香菇去蒂洗乾淨，泡水，香菇水留著

3 蛤蜊先燙過，煮到殼一開就立刻撈起備用，煮蛤蜊的湯汁留著

4 將雞高湯煮滾（用現成的也可以），加味醂、鹽巴、香菇、香菇水、薑片

5 放入雞肉煮約 20 ～ 30 分鐘；蔥切段

6 起鍋前把蛤蜊放入湯裡煮一分鐘，加入蛤蜊湯汁、米酒和蔥段，煮滾後即可上菜

師傅沒說你不知道的事

● 蛤蜊吐沙：蛤蜊浸泡在水裡，鹽巴要加到重鹹如海水的程度。

● 煮雞湯的時候千萬不能大滾，一大滾骨髓中的蛋白質就會跑出來，湯就會濁掉。

古早味炒米粉

材料

蝦米 1 大匙、魷魚 1/2 條、洋蔥 1 顆、高麗菜 1/2 顆、紅蘿蔔 1/2 根、香菇 5 朵、蔥 3 根、米粉 1/2 包、雞油或豬油 3 大匙、肉絲 100 公克、高湯 400cc、乾油蔥酥 2 大匙、醬油 2 大匙、味醂 1 大匙、糖 1 茶匙、白胡椒粉少許、香菜少許

1 蝦米先用熱水泡開；魷魚切絲、洋蔥切絲、高麗菜切絲、紅蘿蔔切絲、香菇切絲；蔥切段

2 米粉先泡熱水泡軟，取出後一定要把水擰乾（以免過多水份會讓炒米粉的時候無法充分吸收湯汁）

3 用雞油或豬油將蝦米和魷魚絲爆香，之後放入蔥段和洋蔥絲，炒至洋蔥呈金黃色，再下其他材料炒香

4 加高湯蓋過材料，下油蔥酥、醬油、味醂、糖和白胡椒粉煮到味道出來

5 下米粉，讓米粉泡在湯汁裡面，用筷子一直撥到湯汁收到半乾（大約米粉是濕潤，但鍋內沒有湯汁的程度）

6 起鍋時米粉先起鍋，料放在上面，撒點香菜即可上菜

師傅沒說你不知道的事

● 豬油用現成的即可，義美有出。

三杯苦瓜杏鮑菇

材料

苦瓜 1 根、杏鮑菇 2 ～ 3 支、蒜頭 6 ～ 10 顆、麻油 1 大匙、老薑 15 片、米酒 2 大匙、蠔油 2 大匙、糖少許、味醂 1 大匙、九層塔 1 小把

1 苦瓜去囊，切長條狀，走水 3 ～ 5 分鐘
2 杏鮑菇切滾刀，油炸至金黃色，起鍋
3 全部蒜頭去皮之後整顆下去炸，起鍋，關火
4 用原本的油過苦瓜，泡 30 ～ 60 秒，起鍋
5 用一新的鍋子，用麻油先煏薑片，再下蒜頭爆香
6 加米酒、蠔油、糖、味醂和一點點水至蓋過薑片
7 下苦瓜跟杏鮑菇，中火炒至汁收乾，關火
8 下九層塔，拌一拌之後起鍋

師傅沒說你不知道的事

- 建議用砂鍋或鑄鐵鍋風味更好，喜歡吃辣的起鍋前可加一些紅辣椒片。
- 苦瓜一定要走水，將裡面的汁液沖走，才不會苦。
- 杏鮑菇一定要炸，炸過香氣才會出來，才會好吃。
- 建議用老薑最好，如果沒有一般薑也可以，不要用嫩薑。

Chapter 3

夜上海

正宗上海本幫菜

✿

香港米其林一星

　　「夜上海」隸屬香港 Elite Concepts 優意集團旗下餐廳之一，在台北、上海、九龍皆有分店，其中香港的「夜上海」餐廳更榮獲香港米其林一星的肯定。集團旗下如北京遠近馳名的「1949 全鴨季」烤鴨、香港的「南海一號」粵菜和「鄧記川菜」等，都是享譽國際的知名餐廳。

　　這次非常幸運能和「夜上海」集團的行政總廚黃曉軍先生請益，黃曉軍師從中國烹飪大師周元昌，是國家級的資深師傅，從事餐飲二十多年，曾獲上海浦東盃烹飪賽熱菜金獎，同時也是首屆全國海鮮大賽特金獎的得主。這次是黃曉軍師大師第一次也是唯一一次訪台，特別選了幾道如醃篤鮮、紅燒肉、蔥油拌麵等代表上海正宗本幫菜的料理，並在繁忙的行程中願意撥冗指點，傳授多年獨門絕技，更不吝教授各項烹飪技巧，當真是讀者的一大幸事！

醃篤鮮

材料

豬大骨肉 1 斤、萬有全鹹肉 1/2 條、鮮肉 1 斤（肥瘦相宜）、筍 2 ～ 3 支、花雕酒 1 大匙、蔥 2 支、薑 2 ～ 3 片、鹽少許、百頁結 1/2 斤

1 豬大骨洗淨之後燙一下去血水，放入一大湯鍋中加水，用中火滾 2 ～ 3 小時直至湯變成乳白色

2 鹹肉和鮮肉先剁好塊，用一鍋滾水燙熟之後，泡在冷水裡面清洗乾淨；蔥切段

3 筍把外殼剝掉，去除底部老的部分，用滾水煮到熟透（任何調料不用放），再用清水沖洗乾淨，切滾刀（滾刀較有口感）

4 用之前煮好的大骨高湯，濾掉豬骨、浮油和雜質，煮滾後加入花雕酒、蔥段和薑片，之後放入鹹肉、鮮肉和筍，再次煮滾之後轉小火，燒到肉酥但不爛（至少 1 小時），即可用鹽調味

5 讓湯再次沸騰之後放入打好的百頁結，湯裡煮 20 分鐘左右即可關火

師傅沒說你不知道的事

- 正宗醃篤鮮是用鹹肉而不是火腿，而且是不放青菜的，如果要的話，起鍋前可以放一些萵筍片下去煮 3 分鐘。
- 湯要變濃白色，火不能小，要開中火滾，將骨頭中的蛋白質滾到釋放出來，湯才能變白色。
- 餐廳會用高湯熬煮使顏色變白，但一般家庭煮不需要，差不多就可以。
- 豬肉不能太瘦，太瘦會燒到太柴。

花雕蒸鰣魚

材料

鰣魚 1 尾（不要去鱗）、金華火腿 5～6 片、筍 1/2 支、香菇 2～3 朵、花雕酒 2 大匙（古越龍山五年陳）、鹽少許、高湯 3 大匙、雞粉少許、雞油或豬油 1 小匙、酒釀 1 大匙

1 鰣魚洗淨（不要去鱗），取中段，用滾水淋在魚鱗上去腥

2 金華火腿切片、筍子切片；香菇泡熱水，去蒂，切片

3 用花雕酒、鹽、高湯、雞粉、雞油或豬油（最好用豬網油，如果沒有就用豬油，現成的也可以）調成一碗醬料

4 魚身放上金華火腿片、香菇片、筍片，再淋上調好的汁一起蒸 10 分鐘，如果喜歡也可以放一些酒釀

師傅沒說你不知道的事

● 花雕酒建議用古越龍山五年陳，不好的花雕味道會發酸，而且酒味不夠。

● 江陰一代蒸鰣魚要蒸 45 分鐘至 1 小時，蒸的時間長，可以化掉魚鱗，並讓魚肉入味。

● 野生鰣魚魚鱗較肥諾，養殖的魚鱗較柴；太小的鰣魚不好吃，因為皮下脂肪少，肉會比較柴。

● 一般家庭用現成的豬油即可，義美有賣。

豬油熬法：

- 水油做：鍋裡放點蔥、薑、水和豬肥油，開小火慢慢煮到水沒了，油就出來了；水油做法熬出來的豬油比較白，但時間比較久
- 純油做：鍋裡放蔥、薑和油，放豬油下去熬到油份出來，純粹油做時間比較快，但熬出來的顏色比較深（現成的豬油香味比較差）

雞油熬法：

- 雞肚子或皮下脂肪的油脂，用啤酒加薑蔥用小火慢慢熬（不要用雞脖子）

上海年糕炒蟹

材料

蔥 3～4 根、螃蟹 2 隻（河蟹海蟹都可以）、玉米澱粉 2 大匙、薑末 1 大匙、花雕酒 2 大匙、年糕切片 50 公克、毛豆仁 1/2 杯、醬油 1 大匙、生抽 1 大匙、老抽 1 大匙、糖 1 大匙、水 1/2 杯

1 蔥洗淨，蔥白切段，蔥綠切蔥花；螃蟹洗淨一切四（可請海鮮店剁好），裹上一些玉米粉，用油稍微煎一下，取出

2 用一新的乾淨的炒鍋，將薑末、蔥白段用油爆香，加點花雕酒，放入螃蟹炒香

3 之後放年糕片、毛豆仁、醬油、生抽、老抽、糖和水，炒到蟹熟上色汁收乾，再撒上蔥花即可

老奶奶的紅燒肉

材料

蔥 4 支、薑 1 小塊、五花肉 1 斤、花雕 1 大匙、生抽 1 大匙、老抽 1 大匙、冰糖少許

1 蔥切段、薑切片；五花肉用滾水燙一下（七八分熟即可），水瀝乾，切塊

2 起一熱油鍋，將蔥段和薑片爆香，放入豬肉炒至表皮焦黃

3 之後放入花雕、生抽、老抽炒至上色有醬香，再放入冰糖和水（水量要淹沒食材），大火燒開

4 轉中火燒 15 分鐘，再用小火悶煮到肉快酥軟醬汁濃稠即可

5 如果喜歡可以放一些筍、雞蛋或百頁結：筍切滾刀，煮熟之後和生的豬肉一起燒；雞蛋煮熟之後，肉煮到一半再放進去；百頁結在肉燒到一半時再放入

師傅沒說你不知道的事

- 北方人做紅燒肉喜歡放大料（八角、香葉、桂皮等），南方江浙一代幾乎不放大料。
- 豬肉要肥瘦相宜。
- 花雕酒建議用古越龍山五年陳。

蔥油拌麵

材料

- 蔥油材料：蔥 2 支、金蔥（北方大蔥）2 支、珠蔥 2 支、洋蔥 1/2 顆、紅蔥 2 顆（香氣）
- 醬汁調料：生抽 1 大匙、糖 1 大匙、雞粉 1 茶匙、老抽 1 大匙
- 其他材料：蝦米 1 大匙、花雕 2～3 大匙、蔥 1 根（切段）、薑 2～3 片、紅蔥頭 2 顆（切碎）、老抽 1 大匙、糖 1 小匙、雞粉少許、細白麵條

1 蔥、金蔥、珠蔥洗淨切長段；洋蔥切絲、紅蔥壓扁切碎，之後將所有材料放入鍋內

2 用大量油將蔥油材料（包括蔥綠蔥白）蓋過，用中火慢慢熬至金黃色

3 將醬汁調料混和拌勻，再和蔥油拌在一起

4 蝦米用花雕泡一下，跟蔥段薑片一起蒸 15 分鐘，水瀝乾

5 起一油鍋，鍋裡放入蒸好的蝦米、紅蔥頭、花雕、老抽、糖和雞粉炒香之後取出備用

6 煮細白麵條，和蔥油調料拌在一起，最後再放上炒好的蝦米即可（喜歡的話可以放一些炸過的蔥、櫻花蝦或蝦皮增添香氣）

師傅沒說你不知道的事

- 如果沒有金蔥和珠蔥，可以用其他蔥類如三星蔥、蝦夷蔥、迷你洋蔥等代替，蔥的種類多，香氣口感會更有層次。

Chapter 4

J&J Private Kitchen
私人廚房
全台最夯私廚料理

　　「J&J 私廚」是近年突然崛起爆紅的私廚，老闆張濬榕家中世代經營旅館，自己本身是建築師，學習廚藝乃是自小耳濡目染。50 歲那年，他決定捨棄原本的身份，轉換跑道經營餐飲，對食材挑選、廚房設備和烹飪手法相當堅持的他，以精湛的創意料理和澎湃的暴力美食聞名，使其在私廚界奠定了不可動搖的地位，現在已是一位難求。

　　其中最深受饕客們歡迎的料理，包括鴨肝蚵仔酥滷肉飯、西班牙烤箱之王 Josper 烤爐炭烤戰斧牛排、桂丁布袋雞、海鮮煎餃和油條花生湯等，期間還會依照時節提供和牛、大閘蟹等當季食材，料理澎湃份量十足，絕對讓饕客們吃到心滿意足，直呼過癮！

泰式涼拌海鮮

材料

- 芹菜 1 根、大蒜 2～3 顆、紅辣椒 2～3 根、蔥 2 根、玉米筍 4 根、香菜 2 株、花枝 1/2 斤、蝦仁 1/2 斤、生食等級干貝 1/2 斤、紫洋蔥 1/2 顆、小番茄 5 顆
- 調味料：泰式甜雞醬 9 大匙、魚露 3 大匙、糖 1 茶匙

1 芹菜、大蒜和辣椒切末，蔥切段；將蒜末、泰式甜雞醬、魚露和糖放入一大碗中拌勻

2 滾一鍋水，先燙玉米筍（從蔬果開始燙，湯水才有自然的甜味），燙熟之後取出，放入冰塊水中冰鎮，撈起備用

3 用同一鍋滾水，放入蔥段和一株香菜入滾水中去腥，將燙過的蔥和香菜撈起，以免黏在海鮮上

4 透抽切花刀（菱格狀）、蝦仁開背去沙腸；透抽、蝦仁和干貝分別用滾水燙約 15～20 秒（生食等級干貝燙半熟即可），燙熟之後撈起放入冰塊水中冰鎮，取出，將海鮮的水份瀝乾，放入一大盆中

5 盆中加入燙好的玉米筍、芹菜末和辣椒末

6 將剩下的生的香菜切碎，放一部分在步驟 1 拌好的醬汁裡，將一半的醬汁倒入海鮮盆中拌勻，用保鮮膜蓋住，放入冰箱裡醃 15 分鐘讓醬汁入味

7 紫洋蔥切絲，過冰水去辛辣；將醃好的海鮮盆從冰箱取出，放入紫洋蔥絲、小番茄和剩下的香菜碎，淋入剩下的醬汁一起拌勻，或是可以倒入一個乾淨的大塑膠袋搖一搖

8 盛出放入一大盤中即可上菜

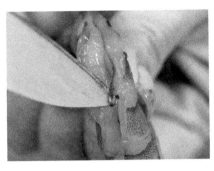 

師傅沒說你不知道的事

- 蝦仁一定要開背才會漂亮。
- 可從透抽外皮判斷是否新鮮，冷凍之後會變紅，越新鮮的越白。

瓜子肉

材料

醬瓜 1/2 罐、嫩薑 1 小塊、豬絞肉 1/2 斤、胡椒粉少許、米酒 1 茶匙、醬油 1 茶匙、香油少許、蔥或香菜少許

1　醬瓜切小丁，嫩薑磨成泥，和豬肉一起放入一大碗中

2　將半罐醬瓜的汁、胡椒粉、米酒和醬油混合調勻，倒入盛絞肉的碗中，順同一個方向用手拌勻至出筋性

3　拌勻後可將絞肉做成肉丸或肉餅放在碟子中

4　用手塗抹一層香油在肉餅上，使肉餅滋潤，蓋上保鮮膜放入冰箱，醃約 15 ～ 20 分鐘使其入味

5　將絞肉取出，用大火蒸 7 ～ 10 分鐘之後即可上桌，上桌前可撒上香菜或蔥花點綴

師傅沒說你不知道的事

- 醬汁先調好之後再和豬肉拌在一起，肉在吸收醬汁時才會均勻。
- 攪拌的時候一定要順一個方向，以防止豬肉出血水。
- 絞肉拌勻之後先不要立刻拿去蒸，將肉餅靜置一下可讓豬肉入味，並使肉質穩定。
- 師傅用的是龜甲萬御釀和豆油伯，如果沒有，用一般醬油也可以。
- 醬瓜可以用鹹冬瓜、樹籽或鹹蛋代替。

香菜皮蛋鍋

材料

小排 1 斤、冬瓜 1 斤、白蘿蔔 1 根、皮蛋 6 顆、白胡椒粉少許、柴魚粉少許、米酒 1 茶匙、香菜數把

1 小排洗淨，燙過去血水之後，將小排熬成高湯（約 1.5 小時）；冬瓜和白蘿蔔洗淨切厚片，放入高湯裡繼續煮

2 皮蛋一開四，放入鍋中煮 10 分鐘，再加點白胡椒粉、柴魚粉和米酒調味，稍微熬煮一下即可

3 香菜洗淨不要切，整把放入煮好的湯裡，湯滾即關火（燙熟的香菜可當作蔬菜，更可增添香氣）

4 湯可以直接享用，或是當作火鍋湯底，依個人喜好可以涮入肉片或是加入其他火鍋料

師傅沒說你不知道的事

- 用大火滾湯，會讓骨頭中的骨髓釋放出來，就能讓湯的顏色變成濃稠的乳白色，甚至可以加一點白醋，除了提味，還可以軟化骨髓，加速湯變乳白色的速度。
- 皮蛋是天然的味精，可以提出湯的風味。

上海菜飯

材料

青江菜 1/2 斤、萬有全鹹豬肉 1/4 塊（南門市場）、義美豬油 1 大匙、鹽巴少許、紹興酒 1 茶匙、米 2 杯、水或高湯 1.5 杯

1. 青江菜洗淨切碎；將鹹豬肉切丁，用豬油爆香至金黃色，加一點鹽和紹興酒嗆一下增加香氣，再加入青江菜炒至半熟，取出備用

2. 洗 2 杯米，加水或是高湯（水量是米量少半杯），再放入炒香的鹹豬肉、青江菜一起入電鍋蒸

3. 蒸好之後將飯和鍋粑拌勻即可上菜

師傅沒說你不知道的事

- 正統菜飯是用鹹豬肉而不是用金華火腿。
- 傳統的菜飯是把鹹豬肉、青菜和飯一起蒸，如果不喜歡吃軟爛變黃的菜飯，可將飯煮熟之後再和之前炒好的鹹豬肉青菜拌勻。

黑蒜剝皮辣椒雞湯

材料

帶骨雞腿 3 支（請肉販將骨肉分離）、黑蒜 15 顆、剝皮辣椒 1/3 罐

1　黑蒜剝皮備用

2　先用雞骨熬湯 2 小時，之後加入黑蒜

3　雞肉切塊；黑蒜出色之後即可下雞肉，煮至滾

4　湯滾之後放入剝皮辣椒和一些汁，煮 15 分鐘

師傅沒說你不知道的事

● 黑蒜量要斟酌，份量要夠才能上色入味，但放太多湯會變酸。

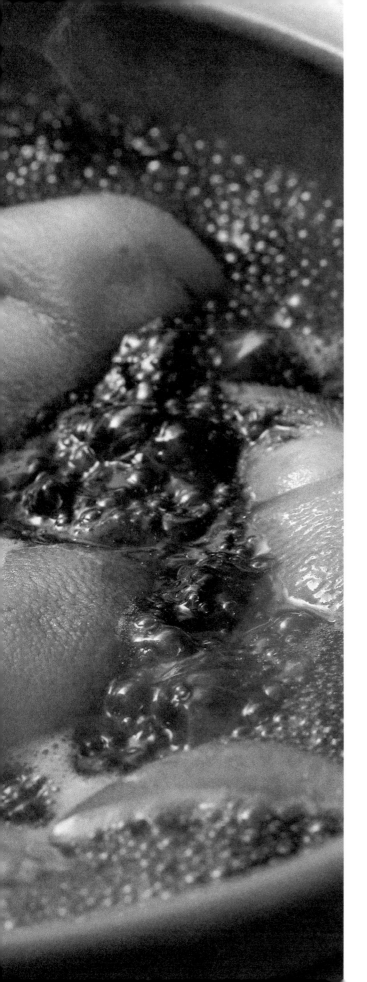

Chapter 5

程姐私房料理

最暖心的中式料理家常菜

　　程姐程安琪老師的精湛廚藝無人不知無人不曉，母親傅培梅女士是台灣料理界的先驅，是首屈一指的資深重量級前輩，更是中式料理最具代表性的靈魂人物。

　　自小耳濡目染，多年來跟著母親學習做菜，自然也練就一身深厚的功夫。擅長各式菜系中式料理，無論家常料理或宴客大菜皆難不倒程安琪老師，且食譜準確清楚、淺顯易懂，廚房新手也能輕易上手。

　　而最讓人感動的，除了精湛的廚藝，更是入口滿滿的溫暖和記憶中媽媽的味道，讓料理填飽的不只是胃，而是心。

涼拌沙茶魚片

材料

- 寬粉條 1 把、嫩薑 1 小塊、萵筍 1/2 根、鹽少許、蔥 1 支切段、薑 2 片、米酒少許、橄欖油 1 大匙
- 醃魚料：鯛魚或其他白色魚肉 1 長塊、鹽 1/4 茶匙、水 2 ～ 3 大匙、太白粉 1 大匙
- 沙茶淋醬：沙茶醬 1 大匙、醬油 1 大匙、糖 1 大匙、熱開水 1 大匙、醋 1 大匙、麻油 1 大匙

1 寬粉條剪成 10 公分長，放入冷水中泡軟

2 嫩薑切絲，泡水 5 ～ 10 分鐘，瀝乾水份備用；萵筍洗淨去皮，切成薄片或切絲，用少許鹽醃 15 分鐘，用水沖洗，瀝乾水份備用

3 魚肉用斜刀切成薄片，用鹽先抓拌至有黏性，加水攪拌至膨脹，最後拌入太白粉，醃 5 ～ 10 分鐘

4 寬粉條放入滾水中煮至變軟撈起，趁熱拌入麻油，放在盤中，上面鋪上醃好的萵筍

5 煮滾半鍋水，加入蔥段、薑片、少許酒和油，滾後放入魚片，用筷子輕輕撥動使魚片分散，燙熟後撈出，放在萵筍上，再鋪上嫩薑絲

6 將沙茶淋醬的調料調勻，淋在魚片上即可上菜，吃的時候可稍微拌一下

蔥油淋雞

材料

- 雞腿 2 支、蔥 2 根、薑 1 小塊
- 調味料：蔥 1 支、鹽 1 茶匙、酒 1 大匙、薑 2～3 片、橄欖油 2 大匙

1 雞腿洗淨，用叉子在雞腿上刺數下，使醃漬時容易入味；兩根蔥用蔥絲刀拉成蔥絲，泡在白開水中備用；薑切薑絲

2 蔥一根切段；將鹽和酒混合後，加入拍碎的蔥段和薑片，在雞腿上摩擦數次後醃 20 分鐘

3 蒸鍋水滾後放入雞腿，大火蒸約 15 分鐘，關火後再悶 5 分鐘，蒸雞的汁留著

4 將雞腿取出剁塊（如怕切不好，可以請雞販先剁塊），放在一乾淨盤中，將瀝乾後的蔥絲和薑絲舖在雞腿上

5 用一鍋子將 2 大匙油燒滾至冒泡，淋在蔥薑絲上

6 將蒸雞的汁放回鍋中加熱煮滾，勾芡，之後淋一些在雞腿上即可上菜

師傅沒說你不知道的事

- 雞腿淋油後，可將多餘的油倒回鍋中，與蒸雞的汁混和煮滾後勾薄芡，再淋在雞腿上。
- 淋雞腿的油一定要煮滾至沸騰冒泡，否則易有油味。

豆瓣魚

材料

活魚 1 尾、橄欖油 4 大匙、薑末 1 大匙、蒜末 1 大匙、辣豆瓣醬 2 大匙、酒釀 2 大匙、酒 1 大匙、鎮江醋 1/2 大匙、麻油 1 茶匙、糖 2 茶匙、水 2 杯、太白粉少許、蔥花少許、香菜少許

1 魚洗淨劃刀，擦乾水分；鍋中燒熱 4 大匙油，將魚兩面煎一下，取出
2 用同一炒鍋，放入薑末和蒜末爆香，再放入辣豆瓣醬和酒釀一起炒
3 之後放入酒、鎮江醋、麻油、糖和水一起煮滾，把魚放入燒 10 分鐘
4 汁收乾至一半時將魚盛出，鍋中的湯汁以太白粉水勾芡，撒下蔥花，把汁淋在魚上，即可上菜，上桌前可撒上一些香菜做點綴

紅燒豬腳

材料

豬腳 1 支（約 700 克）、蔥 2 支、青蒜 1 支、薑 4 片、八角 1 顆、老抽 6 大匙、花雕酒或米酒 3 大匙、冰糖 2 大匙、開水 4 杯

1 豬腳剁塊，放入滾水燙 2 分鐘，撈出洗淨、瀝乾
2 蔥和青蒜切段，舖在鍋底，放上豬腳，再放入八角、薑、老抽、酒、冰糖和水
3 豬腳用大火煮滾後，改小火燜煮 1.5 小時，豬腳皮夠軟時，開大火收乾湯汁至有黏性即可上菜

酸辣湯

材料

嫩豆腐1塊、筍1支、黑木耳2大片、鴨血1塊、蛋1顆、高湯5杯、醬油2大匙、鹽少許、太白粉2大匙、白醋1大匙、胡椒粉1茶匙、麻油1茶匙、蔥花少許

醃肉絲材料：豬肉絲100克、醬油1/2大匙、太白粉1茶匙、水1/2大匙

1 豬肉絲用醬油、太白粉和水拌勻醃20分鐘

2 豆腐切絲、筍子切絲、木耳泡軟切絲、鴨血洗淨切絲；蛋打散備用

3 鍋中放入高湯和筍絲煮10分鐘，加入鴨血、木耳和豆腐絲煮滾，之後加入醬油和鹽調味

4 沸騰後放入醃好的豬肉絲，煮滾之後用太白粉水勾芡，再淋下蛋汁輕輕攪動成蛋花，關火

5 大碗中放入醋、胡椒粉和麻油，將湯倒入碗中，撒下蔥花即可上菜（口味可依個人喜好調整）

師傅沒說你不知道的事

• 勾芡之後再打蛋花，且要湯滾後再淋蛋汁，蛋花才不會沉到鍋底。

• 酸辣湯的酸和辣，是來自最後放入碗中的醋和白胡椒，煮湯過程中不用加，也沒有使用辣椒。

Chapter 6

Orchid Restaurant
蘭

🍴○

台北米其林指南推薦

「Orchid Restaurant 蘭」餐廳老闆 Frank 家族世代從事物流業，因對餐飲美食充滿抱負和理想，以母親的名字「蘭」命名了「Orchid 蘭」，同時也經營「Monsier L」法式餐館。

法式 Fine Dining 在台灣並不是一條好走的路，但 Frank 不斷在過程中學習改進，一路堅持自己的理想，不斷調整至最好的狀態。從提供在座充電器、兒童餐、整套完整齊全的酒杯，和謹記每位客人的喜好等無微不至的貼心服務，可以看見對餐飲的細膩和用心。

餐點方面更是下足了功夫，醬汁可謂是法式料理的靈魂，每道料理的調味與醬汁層次分明各有特色，與食材搭配得相得益彰，這次更獲得台北米其林指南推薦，可見其精緻與用心已受到相當的肯定。

其中牛舌沙拉、炙燒紅條魚、戰斧豬排和炭烤羊排等都是深受饕客們喜愛的料理，每每造訪都讓人留下深刻的印象，這次能將幾道經典之作收錄在食譜中，實在令人欣喜不已！

蜂蜜芥末牛舌沙拉

材料
- 整根牛舌1條、紅蘿蔔1根、西芹3～4支、洋蔥1顆、白醋20cc、鹽40公克、水2公升、月桂葉2片、黑胡椒粒20粒、季節生菜或食用花1包
- 蜂蜜芥末醬：芥末籽1茶匙、Dijon Mustard 2大匙、芥末籽醬1大匙、蜂蜜35cc、橄欖油20cc、新鮮山葵泥1茶匙、檸檬汁5cc

1 牛舌先用滾水汆燙過後取出備用
2 紅蘿蔔、西芹、洋蔥切大丁；將牛舌和紅蘿蔔、西芹、洋蔥、白醋、鹽、水、月桂葉、黑胡椒粒放入高湯鍋，冷水煮至沸騰後轉小火慢煮90分鐘
3 確認牛舌是否有熟透，取出趁熱拔除外皮，取中段嫩的部分放入冰箱（剩餘的部分可切塊後放回湯鍋中繼續煮），冷卻後將牛舌分割為一口大小
4 將牛舌稍微兩面煎一下至表面焦脆，如果有炭火更好
5 將芥末籽、Dijon Mustard、芥末籽醬、蜂蜜、山葵泥、檸檬汁拌勻，之後慢慢一點點加入橄欖油至乳化即成蜂蜜芥末醬
6 用季節蔬菜或食用花點綴牛舌，淋上芥末醬即可

師傅沒說你不知道的事
- 牛舌的前段較瘦硬，中後段的油脂較多，口感比較軟嫩。
- 牛舌其實使用很方便，可做多種料理比如咖哩牛舌，或是稍微煎一下撒點胡椒和鹽也很好吃，且肉質軟嫩，小孩咀嚼也很容易。
- 煮牛舌的湯底味道非常鮮美，將牛舌頭尾部分放回高湯鍋之後，加一些番茄、高湯或是清水再煮一下，即成一道美味的牛舌湯。

南瓜湯

材料

南瓜 1 公斤、奶油 120 公克 （分成兩份）、雞高湯 750cc、鮮奶油 200cc、鼠尾草 5 公克、鹽少許、青蘋果 1 顆、檸檬水 300cc、白酒醋 1 茶匙

1 南瓜切丁；寬面湯鍋中將 60 公克的奶油加熱後放入南瓜丁，均勻炒熟後放入雞高湯，煮至南瓜變軟

2 用果汁機將南瓜湯打成泥，再倒回湯鍋中

3 用一平底鍋將剩下奶油炒至焦化 （起泡變金黃色）

4 將焦化奶油和鮮奶油加入南瓜湯鍋中拌勻，放入鼠尾草浸泡五分鐘 （如果沒有鼠尾草可省略），取出，之後用鹽調味

5 將蘋果去皮後切小丁，泡檸檬水備用

6 起一新的平底鍋，用一點奶油炒熱蘋果丁，加入些許白酒醋，炒至蘋果微熱即可

7 將煮好的南瓜湯盛入碗中，放上蘋果丁即可上菜

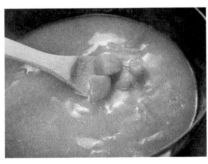 

師傅沒說你不知道的事

- 奶油 = butter；鮮奶油 = cream；酸奶 = sour cream。
- 寧願用水加鮮奶油或奶油，也不建議用牛奶代替，因為牛奶水分太多而且比較沒有味道。
- 高湯是料理的靈魂，家裡隨時備有蔬菜高湯、雞高湯或日式高湯，就可以煮出更有層次的料理。
- 可以用蔬菜切下來剩下的頭尾部分熬成蔬菜高湯，之後冷凍起來可隨時使用。
- 有時食譜中的份量很難記熟，記比例會比較容易，比如高湯中鹽的比例通常是 1 ～ 2%。

薑汁小卷

材料

- 小卷 1 隻、綠櫛瓜 1 根、香菜碎少許、檸檬汁 1 茶匙、芹菜苗少許
- 薑汁醬:無鹽奶油 50 公克（分成兩份）、老薑泥 1 大匙、雞高湯 3 大匙、醬油 1/2 茶匙、烏醋 1 茶匙、糖 1/2 茶匙、魚露 1/2 茶匙、柚子汁 1/2 茶匙

1 將小卷內臟拔除，清洗乾淨

2 綠櫛瓜用刨皮刀削成薄片，捲起備用

3 將一半奶油用平底鍋加熱至焦化，除了柚子汁以外的薑汁醬調味料全部加入

4 用另一個平底鍋，將剩餘的奶油焦化後，倒入之前的薑汁醬鍋中，最後加入柚子汁調味

5 起一鍋熱水，保持滾水的狀態，將小卷放入滾水中川燙 30 ～ 40 秒，燙熟之後切段，拌入香菜碎與檸檬汁

6 盤中依序擺上小卷與櫛瓜片，淋上薑汁醬後，擺上芹菜苗裝飾即完成

雞油菇米粒麵

材料

紅蔥頭 2 瓣、奶油 20 公克、雞油菇 1/2 盒、鮮奶油 1 茶匙、雞高湯 1 杯、珍珠麵 100 公克、Parmigiano Cheese 粉少許、黃檸檬 1 顆、巴西里碎少許

1 紅蔥頭切碎；用奶油將紅蔥頭爆香，加入雞油菇略炒之後，加入鮮奶油稍微炒一下

2 將雞油菇撈起，鍋中加入雞高湯及珍珠麵

3 將一半的雞油菇放入一起煮至入味、珍珠麵變軟

4 將珍珠麵盛入盤中，放上剩下的雞油菇

5 最後撒入 Parmigiano Cheese 粉、黃檸檬皮屑和巴西里碎即可上菜

師傅沒說你不知道的事

- 煮珍珠麵的過程中，如果汁已收乾麵還沒變軟，可加一些雞高湯繼續煮，麵要濕潤才好吃。
- 如果沒有雞油菇，可用其他菇類代替。

炭烤澳洲羊排

材料

- 蒜頭2顆、澳洲羊排（四根骨）1付、百里香10公克、孜然粉少許、棉繩1綑、橄欖油少許、Dijon Mustard 2 茶匙
- 香料麵包粉：羅勒葉2大匙、迷迭香1茶匙、開心果1茶匙、日式麵包粉2大匙、起司粉1茶匙、蒜末1茶匙

1 蒜頭壓扁後略切；羊排修清後用棉繩將羊排綑起來，用蒜頭、百里香、孜然粉醃約一小時

2 起一平底鍋，將橄欖油加熱至冒煙，將羊排煎至兩面上色

3 羊排煎好之後，放入預熱200℃的烤箱烤一分鐘，取出靜置一分鐘，之後這個動作重複三到四次

4 羅勒葉切碎、迷迭香切碎、開心果壓碎；用日式麵包粉、羅勒葉、迷迭香、開心果、起司粉和蒜末混合之後製成香料麵包粉

5 羊排烤完之後靜置室溫中約10分鐘，拆除棉繩，抹上芥末醬之後，裹上香料麵包粉之後切片即可上桌

Chapter 7

Le Blanc

正統美式牛排龍蝦餐廳

台北米其林指南推薦

位於台北市大安區 Swiio Hotel 內的「Le Blanc」，只賣三樣東西：牛排、龍蝦和漢堡；如果一間餐廳只賣三樣東西，他必須肯定非常厲害。

來自美國波士頓的老闆兼主廚 Long，是道地的 ABC。當初經營餐廳的理念，很單純只是想吃到一塊簡單純粹美味的美式牛排。

一路秉持著 "Simple but not easy" 的信念，Long 堅信唯有最好的食材和精準的烹調才能做出最美味的料理。

牛排的秘訣沒有其他，就是上等的肉質和簡單卻又精準的烹調方式，不需多餘的調味或點綴，完全是食材的真實呈現。而龍蝦的出現，原本只是為了提供不吃牛肉的客人一項選擇。Long 依循兒時記憶中波士頓龍蝦的美味，堅持傳統，原汁原味的烹飪手法撒上 Ritz 餅乾的料理方式，沒想到竟一炮而紅廣受饕客歡迎。

食材真誠赤裸的呈現，或許就是經營者的性格表現，也最能讓人感受食材本身的的特色和風味。感謝老闆無私的分享，讓我們在家也能做出最容易，卻又不簡單的料理。

美式牛排佐整顆大蒜

材料

USDA Prime Certified Angus Beef Ribeye 1 塊約 3 ～ 4 公分厚、鹽巴少許、大蒜 1 整顆、橄欖油少許、海鹽少許

作法

1 牛排買回來，不要洗，先放在一個架子上（用蒸鍋的架子即可，如此可讓空氣循環），底下墊一個盤子，放在冰箱熟成一天（如此可以讓肉的表面變乾，牛排越乾，煎的時候越好上色，肉汁和風味也較集中）

2 將熟成過的牛排取出回溫半小時，撒一點鹽調味

3 用高溫加熱厚重的平底鍋或牛排鍋，將牛排邊上的油脂切下來，放入鍋中稍微煎一下產生油脂和香氣

4 用大火將牛排煎至表面焦黃（建議每面只煎一次，反覆煎牛排無法均勻上色，煎出來的牛排就不漂亮，除非家中沒有烤箱，才會反覆煎牛排避免中間太生）

5 將牛排放進預熱200℃的烤箱，烤至三分熟（要看牛排厚度，建議3～4公分厚，如果太薄的牛排進烤箱會過熟）；取出靜置（烤多久就靜置多久）

6 用原本的鍋子大火加熱至高溫，牛排靜置完放回鍋中，大火煎牛排使表面回溫維持焦脆的口感（如果有炭火，放在炭火上直火燒烤會使牛排的風味更佳）

7 將整株大蒜橫切一半，放入冷水煮熟，反覆煮兩三次使大蒜變軟（煮熟的大蒜甜味才會出來，同時可以去掉苦味和辛辣味），用錫箔紙包起來，放一點橄欖油跟海鹽，放入烤箱烤至表面焦黃（煮過的大蒜因吸滿了水份，需要烤 1.5 ～ 2 小時）

8 享用牛排時可搭配烤過的大蒜和一些海鹽，風味更佳

師傅沒說你不知道的事

- 牛排最重要的就是肉本身食材的等級與品質，只要食材好，做出來的牛排原味就很好吃。
- 煎牛排很重要的是平底鍋鍋底必須夠厚，溫度夠高，鍋底高溫加熱之後才能均勻漂亮地上色，當鍋底太薄時，放入冷的牛排會使鍋底迅速降溫，此時需要一些時間才能使表面恢復高溫，如此會影響煎牛排的表面焦度，因此建議使用很厚的鑄鐵鍋。

何謂熟成？

- Dry Age 乾式熟成所需的環境要在接近 0℃ 和約 70 ～ 80% 的濕度中進行，熟成會使牛肉表面的濕氣揮發，經過熟成的牛排肉質會收縮，如此讓肉汁和風味更集中。
- 熟成的過程中會產生酵素使肉質軟化變嫩，也會產生一些黴菌，食用前必須要將外部切除才能安全食用，原本很大塊的牛排經過熟成和切除，其實能食用的部分不多，這也是為什麼熟成牛排的價格昂貴。

為何要靜置（rest）？

- 牛肉在加熱過程中會使肉質收縮，如果沒有靜置直接切牛排，會使牛肉的肉汁和血水流出；經過靜置的牛排溫度降低之後肉質較放鬆，切的時候比較不容易有血水。

波士頓龍蝦

材料

新鮮龍蝦 1 尾、玉米 1 根、西芹 1 根、紅蘿蔔 1/3 根、洋蔥 1/2 顆、奶油 3 大匙、大蒜 2 顆切末、百里香 1 株、鹽少許、Ritz 餅乾 4 片、檸檬角 2 塊

1. 用大火滾水燙整隻龍蝦約 5 ～ 7 分鐘（溫度不夠時，龍蝦無法呈現漂亮的鮮紅色，且會產生奇怪的味道）
2. 龍蝦取出，對切一半，將龍蝦頭部蝦膏清乾淨
3. 用煮龍蝦的水煮玉米，之後切段或整支食用
4. 西芹、紅蘿蔔、洋蔥切小丁之後，用 2 大匙奶油加蒜末、百里香和一點鹽炒香，之後放入龍蝦的頭部，再撒上壓碎的 Ritz 餅乾
5. 將龍蝦放入預熱 200℃的烤箱烤約 2 分鐘，取出
6. 將 2 大匙奶油加熱融化後，放入一小器皿中，搭配龍蝦、玉米和檸檬角即可上菜

師傅沒說你不知道的事

- 正宗波士頓龍蝦的吃法就是用 Ritz 餅乾，餐廳老闆從小在波士頓長大，對於正宗的風味相當堅持，也是成長過程記憶中的美味。
- 龍蝦的小鉗中其實也有蝦肉，可以用烘焙的木棍將小鉗中的肉擠出來，和炒熟的蔬菜一起放回龍蝦頭。

美式漢堡

材料

新鮮肋眼牛排 1 塊、起司 1 片、洋蔥或紫洋蔥 1/2 顆、漢堡麵包、美乃滋少許、黃芥末少許、牛番茄 1/2 顆、新鮮生菜數片

1　用新鮮肋眼牛排（Chuck 或 Brisket 也可）加約 30% 的牛肉油脂（可用牛排切下來的油脂）絞碎

2　將牛絞肉做成漢堡肉餅，吃不完的可以放入密封的塑膠袋冷凍（絞過的肉比較容易壞，接觸到空氣肉會產生異味，冷凍也有殺菌作用）

3　漢堡肉煎至六分熟（如果買現成的絞肉，建議煎至全熟），肉餅上面放起司，放入烤箱烤一下，取出，靜置

4　靜置完成的漢堡肉再放回鍋中，用大火將表面煎至焦脆

5　洋蔥切絲，炒至焦化，或可直接用生紫洋蔥絲 （洋蔥泡冰水可去辛辣）；麵包稍微烤一下，塗上美乃滋和黃芥末醬

6　將煎好的漢堡肉放在麵包上，放上焦化的洋蔥、番茄和生菜即可上菜（如喜歡可以加煎蛋，也可搭配酸黃瓜）

師傅沒說你不知道的事

- 用好的牛排做漢堡肉，不需要加任何調味料醃肉，原汁原味就很好吃。
- 買現成的牛絞肉也可，加入一點油脂絞肉會讓肉質更軟嫩，但建議要煎至全熟。

炒綠花椰菜

材料

大蒜2顆、洋蔥1/2顆、奶油2大匙、綠花椰菜1顆、碎腰果1大匙、辣椒粉少許、鹽巴少許、
檸檬皮少許（刨成屑）

1　大蒜、洋蔥切末，用奶油爆香，之後放入綠花椰菜，炒至焦黃
2　撒上壓碎的腰果、辣椒粉和一點鹽巴拌勻，盛盤後撒上檸檬屑即可上菜

炒蕈菇

材料

大蒜 2 顆、小紅洋蔥 2 顆、奶油 3 大匙、鹽少許、菌菇類 1/2 斤、黃檸檬皮屑少許、百里香少許

1　大蒜切末、小紅洋蔥切小丁，用奶油將大蒜和紅洋蔥丁爆香，加一點鹽，將菌菇炒至焦黃

2　上菜前可以撒上一些黃檸檬皮跟百里香提味點綴

師傅沒說你不知道的事

- 炒菇的鍋子要夠熱，且一次不能放太多，否則上面的菇蓋住下面的菇就會產生水蒸氣，炒出來的菇就會出水，會太濕，菇就無法上色，因此炒菇要分批炒。

- 建議菌菇類乾的時候炒才會顏色焦黃有香氣。

Chapter 8

Hanabi 居酒屋

精緻日式斧飯料理

　　位於中山北路的「Hanabi 居酒屋」，多年來屹立不搖，除了擅長道地精緻美味的日式下酒菜，老闆 Michael 歐子豪更是在台灣受人尊敬、地位崇高的知名日本清酒大師。

　　「Hanabi 居酒屋」一路以來堅持以最道地傳統的日式風格呈現料理，手法細膩，包括對洗米的方式都非常要求，相當有日本料理職人對食物與品質的堅持。

　　除了各式精美下酒小菜，釜飯更是鎮店之作，依照節氣嚴選當季新鮮食材，口味層次豐富而多變，完全滿足饕客們的挑剔的味蕾！

　　和老闆請益交流的過程中相當愉快，可以完全感受到他對日本文化的熟悉，和對料理的想法和用心。幾道傳統細膩精緻的日式料理，在他的點撥下顯得輕鬆自在，對於喜愛日本文化的人，絕對能滿足心中的料理魂。

松露野菇炊飯

材料

- 鰹魚高湯：水 2 杯、鰹魚粉末 1 茶匙
- 材料：米 2 杯、香菇 6 朵、杏鮑菇 6 朵、金針菇 1/2 束（或任何喜歡的菇類皆可）、鹽少許、白胡椒少許、松露醬 2 大匙

1 水與鰹魚粉末混和調成鰹魚高湯

2 米洗好之後，加入鰹魚高湯，份量差不多到少於平常兩杯米的高度（因菇類會釋放水份，需預留水份空間，煮出來的米才不會太濕黏）

3 菇類切片，用一點油、鹽巴、白胡椒略炒

4 在未煮的米上放松露醬，不要拌開（日式釜飯的精髓，在於米飯炊熟之後和食材拌開，釋放香氣）

5 炒好的菇鋪在生米上，米炊熟之後，將材料和飯拌開即可上菜

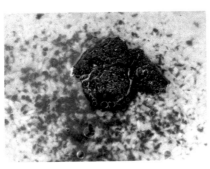

師傅沒說你不知道的事

- 洗米的技巧在於將精磨後的米外殘留的澱粉去除，炊飯時後段吸水才會好，飯才會好吃。
- 先將水加至米的一半（類似泥巴的感覺）搓洗 50 次，換新的水，重複動作四次，之後將米放在濾網中，用活水沖洗約 10 分鐘，讓米有些適當的吸水率，炊出來的米才會大顆。
- 炊飯可以依照季節選用當季食材，如秋天要做栗子炊飯，可以使用一半生的栗子，一半超市買的栗子甘露煮或是糖炒栗子，生熟交叉的栗子飯效果不錯。
- 做海鮮炊飯的時候，因較難掌控海鮮的出水量，建議可先將海鮮煮熟，再放在飯上一起蒸；魚類釜飯可以先將魚片煎熟。
- 如想要不同風味，可以用雞肉加一些風乾番茄和橄欖油調味，口味完全隨個人喜好變化。

雞肉芋泥掛

材料

去骨雞腿肉 1 片、鹽少許、胡椒少許、山芋泥 50 公克（即日本山藥）、日式濃縮鰹魚汁 30cc、水 30cc、蛋黃 1 顆、鰹魚絲少許、海苔絲少許、蔥花少許

1　雞肉撒上鹽巴和胡椒煎至表面金黃
2　山芋磨成泥；用 30cc 鰹魚汁加 30cc 水調和成麵汁，將麵汁和山芋泥拌勻
3　雞肉放在一小鑄鐵鍋或砂鍋中，將山芋泥倒入鍋中蓋住雞肉用小火滾，讓雞肉吸滿山芋泥和麵汁的風味
4　最後打上一顆生雞蛋黃，撒上鰹魚絲、海苔絲和蔥花點綴即可上菜

日式牛排佐柚子味噌醬

材料

菲力或莎朗牛排 1 塊、鹽少許、黑胡椒少許、原味赤味噌 2 大匙、柚子胡椒醬
1/2 茶匙、日式美乃滋 3 大匙、鮮奶油 1 大匙

1 牛排用一點鹽和黑胡椒調味，煎至喜歡的熟度，記得一定要靜置，切片

2 用赤味噌加柚子胡椒、日式美乃滋和鮮奶油調勻，濃稠度差不多像稀一點的美
乃滋即可

3 牛排可以搭配一些蔬菜，最後用醬汁調味即可

師傅沒說你不知道的事

- 赤味噌一定要買純的原味的，不要買加了其他味道的味噌。
- 日本餐廳都有自家自製的「玉味噌」，玉的由來就是味噌中加了玉子（蛋黃），
  作法是用味噌加蛋黃、清酒和清水慢慢煮 2 ～ 3 小時，讓醬汁蒸發回原本的
  味噌。

鮮魚八幡捲吸物

材料

- 牛蒡 1 根、清酒少許、味醂少許、醬油少許、鯛魚或白帶魚 1 長塊、鹽少許、太白粉少許
- 吸物高湯：鰹魚絲 1 把、清酒 1 大匙、味醂 1 茶匙、淡口醬油 1 茶匙、水 300cc、青檸檬皮少許

1 牛蒡去皮，切段（和魚片同寬），切絲，泡水

2 牛蒡絲用一點油炒熟，起鍋前加一點清酒、味醂和醬油調味（一點點就好，量隨個人口味調整），取出置涼，將牛蒡整理整齊

3 將魚肉橫切成長型薄片（做捲物魚片厚度一定要均勻），撒一點鹽調味

4 魚片塗上一點太白粉把牛蒡絲捲起來（太白粉遇熱會有黏性，煮的時候魚肉卷才不會散開來），用兩根牙籤交叉固定

5 用鰹魚絲、清酒、味醂、淡口醬油和水煮滾後關火，讓材料在湯裡面浸泡一分鐘，把材料濾掉，即成高湯

6 把捲好的魚肉卷放入烤箱烤至焦香（建議可用噴槍將魚肉炙燒至表面焦黃，以免烤過久魚肉變乾），取出牙籤

7 高湯加熱之後放入碗中，把魚卷放入高湯裡面（烤過的魚肉，焦香和油脂會釋放在高湯中），撒上一些青檸檬皮即可上菜

師傅沒說你不知道的事

- 牛蒡切絲長短要一致（長度大概和魚片寬度一樣），可以先將牛蒡切段，再切片，之後再切成絲。
- 牛蒡絲炒熟之後的金黃色來自清酒和味醂的糖份，也有自然的甜味，炒熟之後撒一點芝麻就是很傳統的日式下酒菜。

浸物小砵

材料

- 高湯：鰹魚絲 1 把、清酒 1 大匙、味醂 2 茶匙、淡口醬油 1 大匙
- 材料：茼蒿（如果沒有茼蒿可用菠菜）1 小把、金針菇 1/2 束

1 用鰹魚絲、清酒、味醂、淡口醬油和水熬成高湯

2 用一鍋滾水將青菜、金針菇燙熟，取出泡冰水，把多餘水分濾掉

3 將高湯中的食材濾掉，把湯盛入碗中，把燙好的蔬菜和金針菇拌勻之後浸在高湯中即可（如果找到菊花瓣可將花瓣撒在料理上增添風味和美感）

師傅沒說你不知道的事

- 泡冰水的用意是讓蔬菜的顏色維持漂亮的鮮綠色。
- 切整齊的青菜可做成一束放在碗中，淋上芝麻醬和芝麻即成涼菜。

日本料理燙蔬菜很整齊的秘訣：

- 洗青菜的時候不要把根部切掉，讓蔬菜維持一株的形狀，燙之前把蔬菜排好，燙的時候握住蔬菜的葉子，先燙根莖部 10 秒，之後把整株蔬菜同一個方向平放在滾水中，用筷子將蔬菜撥開讓熱水可進到菜葉裡。
- 燙好之後將蔬菜擺放整齊泡冰水，把多餘的水份壓掉，完成後把一株一株的蔬菜交叉擺放，切段，如此吃的時候才會均勻吃到根莖和菜葉。

Chapter 9

狸小路
日式居酒屋

「狸小路」對於台北人來說，提到日式居酒屋，這個名字絕不陌生。

多年來屹立不搖，是許多人夜晚和朋友小酌歡聚的小天地，歡樂的氣氛，種類繁多的下酒小菜，每樣都是令人垂涎的好滋味。

其中最喜歡鹽蔥松阪豬、明太子烤山藥和各式海鮮料理，本以為製作困難，沒想到竟然可以在家輕鬆上手！美味可口、下飯下酒，不但大人喜歡，連小孩都很愛，喜歡日式料理的朋友們不妨可以試試，保證簡單好吃又很有成就感哦！

明太子烤山藥

材料

明太子 2 大匙、Kewpi 美乃滋 6 大匙、山藥 1/2 根（可以不用削皮，但要刷洗乾淨）

1　山藥切成 0.5 公分厚片，先用小火煎至金黃色，裡面保持脆的

2　明太子跟美乃滋混和，比例 1:3

3　把明太子醬抹在山藥上面，用噴槍稍微炙燒，或是放入小烤箱稍微烤一下表面即可上菜，
　　如果喜歡可用撒一點海苔粉點綴

師傅沒說你不知道的事
_____

● 明太子醬用擠上去較乾淨整齊，將明太子醬放入一乾淨的小塑膠袋中，集中在一角落，在
　角角部分剪一個小洞，即成擠嘴。

蒜頭蛤蜊湯

材料

蛤蜊 1 斤、蒜頭 10 顆、鹽少許、柴魚粉少許、米酒少許

1　蛤蜊吐沙：蛤蜊放在一碗水裡加大量鹽巴（接近海水的鹹度），浸泡 2 ～ 3 小時，或是可將蛤蜊剖開用水清沖洗乾淨

2　蒜頭先用清水（水量是蒜頭 2 ～ 3 倍）熬煮半小時至蒜頭變軟，湯變成金黃色

3　用一碗水加濃縮的蒜頭汁，煮滾之後加入蛤蜊煮熟，之後用一點鹽巴、柴魚粉、米酒調味即可，若喜歡可撒點蔥花點綴

松露野菇雞腿

材料

去骨雞腿 1 支（連大腿）、鹽少許、蒜頭 2 顆、洋蔥 1/2 顆、鴻禧菇 1 杯、奶油 1 大匙、松露醬 2 茶匙、雞粉少許、糖少許、水適量、玉米粉 1 茶匙、松露油幾滴、蔥末少許

1 生雞腿抹點鹽巴烤熟或用文火煎熟，用叉子試試是否熟透；蒜頭切末、洋蔥切細絲或切小丁、鴻禧菇剝開洗淨備用

2 蒜末、洋蔥、鴻禧菇用奶油炒至金黃色，再加入松露醬、雞粉、糖和一點水炒香，起鍋前稍微用玉米粉加水勾芡

3 雞腿肉切塊，淋上炒好的醬汁，再加一點松露油提味，最後用一點蔥絲或蔥花點綴即可

胡麻秋葵豆腐

材料

秋葵 1/4 斤、嫩豆腐 1 塊、海苔醬 1 大匙、胡麻醬 1 大匙、柴魚或鰹魚片

1　秋葵洗淨川燙之後切片

2　豆腐上面放海苔醬，再放上秋葵

3　胡麻醬淋在豆腐周圍（以免影響口感），再撒上柴魚或鰹魚片即可上菜

鹽蔥松阪豬

材料

松阪豬 1/2 斤、洋蔥 1/2 顆、蔥 2 支、胡椒少許、鹽少許、香油數滴

1　洋蔥切小丁、蔥切蔥花，加入胡椒、鹽巴和香油拌勻（不用炒，口味可自己調整）

2　松阪豬撒點鹽煎熟之後切薄片

3　鹽蔥醬淋在松阪豬上即完成

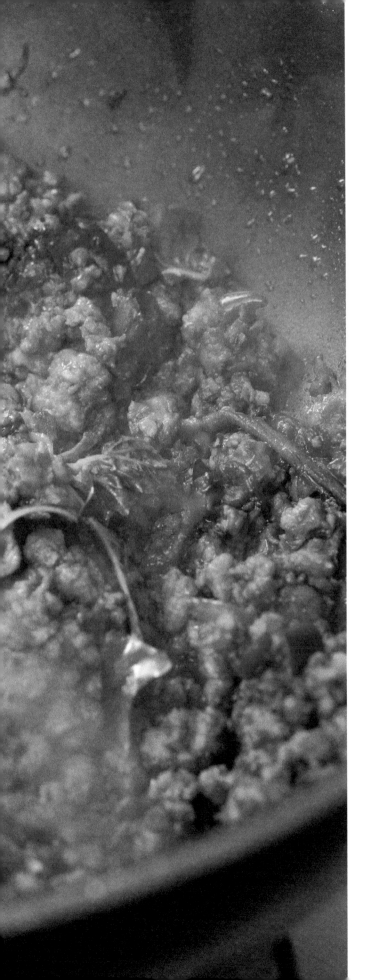

Chapter 10

Mama Thai 11

道地家鄉泰式料理

　　位於台北市遼寧街的「Mama Thai 11 私廚」，老闆阿泰來自泰國北部，10 歲時與母親來到台灣，至今已在台灣居住二十餘年。自小跟隨母親在泰國的菜市場販賣傳統熟食，因此對當地食材非常熟悉，不但練就了一身好廚藝，更深諳正統泰國料理的道地精髓。

　　許多人對泰國菜的印象是泰緬雲緬一帶料理，其實泰國菜不只是「辣」而已，不同地區的風味其實不盡相同，譬如阿泰老師家鄉的北部和中部料理，口感相對溫和，也較適合國人口味，加上老師爐火純青的香料和食材運用，讓料理產生不同的變化和層次，除了鹹香酸辣，挑逗味蕾的更是泰國的色彩與風情！

　　這次特別請老師教授幾道如清蒸檸檬魚、打拋肉和綠咖喱等道地經典泰式料理，不但食材唾手可得，在家也可以輕鬆料理，就像在泰國當地吃到的一樣又香又辣，絕對讓人大飽口福、直呼過癮！

酸辣蝦湯

材料

草蝦 8 隻、香茅 2 支、南薑 5 片、檸檬葉 7 片、紅蔥頭 5 顆、草菇 8 顆、清水 1 公升、香菜根 2 株、泰式辣椒醬 2 大匙、小紅辣椒 5 支、魚露 2 大匙、檸檬汁 3 大匙、新鮮香菜葉少許

1　草蝦去頭去殼留尾巴，開背去沙腸，蝦頭留著熬湯；香茅去掉硬根，取根部以上切三段，每段約 5 公分，拍裂備用；南薑切斜片約 0.5 公分厚；檸檬葉對折撕掉中間的粗莖；紅蔥頭拍碎、草菇對切

2　將水煮滾後加入蝦頭，熬約 5 分鐘後帶出味道就可以把蝦頭拿掉

3　之後放入香茅、南薑、檸檬葉、香菜根、紅蔥頭、泰式辣椒醬，沸騰後再繼續滾 3 分鐘

4　加入草菇和小紅辣椒，再次把湯煮滾後放入蝦和魚露，等湯再次沸騰後即可關火，淋上檸檬汁調味（口味隨人喜好），上桌前可加入新鮮香菜葉點綴

師傅沒說你不知道的事

- 如果想買泰式料理的食材與調味料，可到南勢角華新街附近的東南亞市場逛逛。
- 想要湯辣一點，可將小紅辣椒的頭去掉。

清蒸檸檬魚

材料

香菜 2 株、大紅辣椒 4 支、大蒜 6 瓣、鱸魚一尾（約 900 克）、魚露 3 大匙、
檸檬汁 4 大匙

1 香菜根和莖洗淨切末（香菜葉留著裝飾用）；紅辣椒切末、大蒜切末

2 鱸魚洗淨，劃刀，大火蒸約 7 ～ 10 分鐘

3 混合香菜根莖末、紅辣椒末、蒜末、魚露和檸檬汁，製成淋醬

4 魚肉蒸熟後取出淋上醬汁即可完成

綠咖哩雞

材料

去骨雞腿肉 2 支、泰國小圓茄（水茄）5 顆、大紅辣椒 1 支、椰奶 400cc、綠咖哩醬 2 大匙、椰糖 1 茶匙、魚露 2 大匙、九層塔 1 把

1 雞腿肉切成一口大小；圓茄一開四（如果找不到可用半顆米茄代替）；大紅辣椒切斜片

2 將一半的椰奶入鍋，以中小火煮至椰奶冒泡，逼出椰油後，放入綠咖哩醬拌炒，炒至香氣出來水份稍微減少

3 放入雞肉炒至三分熟，加水和椰糖，開大火滾後放入茄子再轉中小火煮熟

4 加入剩餘的椰奶再次煮滾，最後用魚露調味，放入九層塔和紅辣椒即可關火

5 上桌前可用一些九層塔和紅辣椒點綴

自製綠咖哩醬

孜然粒 1/2 小匙、香菜籽 1 大匙、白胡椒粒 1 茶匙、鹽 1/2 小匙、檸檬皮 1/2 小匙、南薑末 1 大匙、切片香茅 1 大匙（取根部以上白色的部分約 5 公分）、切片紅蔥頭 2 大匙、蒜末 1 大匙、切末香菜根 1 大匙（從根部到莖部約 5 公分長的部分）、朝天青辣椒 80 克、蝦醬 1/2 小匙

1 將孜然籽、香菜籽乾鍋煎至香氣出來，取出後和白胡椒粒一起放入缽中搗成粉末，取出備用

2 將鹽、檸檬皮、南薑、香茅、紅蔥頭、蒜末、香菜根、青辣椒一一搗成泥後，加入步驟 1 的材料搗勻，即完成綠咖哩醬

打拋肉

材料

- 大蒜 3 瓣、大紅辣椒 2 支、小紅辣椒 1 支、紅蔥頭 5 顆、橄欖油 2 大匙、打拋醬 1 大匙、豬肉末 400 克、打拋葉（可用九層塔或聖羅勒葉代替）1 把
- 醬汁：泰式淡（白）醬油 1 大匙、蠔油 1/2 大匙、魚露 1/2 大匙、泰式甜（黑）醬油 1 大匙

1 將大蒜、辣椒、紅蔥頭放入搗缽中搗碎

2 淡醬油、蠔油、魚露、甜醬油拌勻備用

3 熱鍋中放油，把搗好的大蒜、辣椒、紅蔥頭炒香，加入打拋醬與豬肉末，將肉末炒至半熟後，加入步驟 2 的醬汁

4 豬肉炒至 8 ～ 9 分熟後關火，放入打拋葉，拌熟之後即可上菜

師傅沒說你不知道的事

- 不吃豬肉的可用雞肉或牛肉代替。

芒果糯米

材料

- 尖糯米 300 克、香蘭葉 6 片、芒果 1 顆、綠豆仁酥少許
- 椰奶漿：椰奶 400cc、鹽 1 小匙、砂糖 80 克
- 椰奶醬汁：椰奶 100cc、鹽 1/4 小匙、玉米粉 1 小匙

1 尖糯米泡水一晚，或至少 2 小時

2 香蘭葉洗淨後打一個結，放入蒸籠底部和水一起蒸；蒸籠裡鋪上一層蒸籠布，把泡過水洗淨的糯米鋪在上面，蒸約 40 分鐘至糯米熟透

3 椰奶漿：鍋內倒入椰奶用中小火加熱，加入鹽和白砂糖，攪拌溶化後關火，注意火候，不要讓椰奶煮到大滾

4 將蒸好的糯米倒入容器中，加入椰奶漿攪拌均勻，靜置 10 分鐘後再攪拌一次，放涼後即完成甜椰奶糯米

5 椰奶醬汁：鍋內倒入椰奶用中小火加熱，加入鹽和玉米粉，攪拌成濃稠狀後關火

6 將甜椰奶糯米和切塊的芒果裝盤，淋上椰奶醬汁，撒上綠豆仁酥即可

師傅沒說你不知道的事

- 如果沒有綠豆仁酥可用白芝麻代替。

Chapter 11

淡水滷味

　　隱身於大安路巷子內的「淡水滷味」，絕對是我吃過最令人驚艷的滷味。記得第一次去的時候下著大雨，印入眼簾的是小小的滷味車，一對年輕夫婦穿著雨衣，和推車前長長的隊。

　　和其他滷味攤不同的，是他的食物非常乾淨精緻，食材非常講究，調味也恰到好處，不像是路邊做生意的攤販，更像是媽媽在家細心為小孩精燉慢熬的料理，入口盡是清爽、乾淨、新鮮和細膩。

　　不僅如此，年輕老闆的故事也相當傳奇。曾經是生技業高階主管，毅然決然放棄了高薪，一心專注於研發心目中的夢幻滷味。為了調配出最厲害的滷汁，多次走訪中國大陸，三顧茅廬只為向一位滷味大師請益。起初大師不願分享，在多次拜訪之後，大師終於點頭願意指點迷津，送給他一個滷包。回到台灣之後從滷包中研究其中的香料和比例，甚至去台灣知名滷味店打工學習滷味的製作與技巧，在多次嘗試和試驗之後，後終於調配出最終極的獨門秘方。

　　非常感謝老闆不藏私，不吝分享夢幻銷魂的私房絕技，這一鍋絕世滷味和牛三寶，吃過絕對讓您永生難忘。

絕世滷味

材料
- 滷包：八角 3 克、三奈 3 克、大紅袍 2 克、陳皮 2 克、桂皮 3 克、草果 1 顆、白芷 3 克
- 材料：萬家香甲等醬油 1500cc、水 3500cc、冰糖 150 公克、三星蔥 150 公克、鹽 50 公克、米酒 50cc、宮保 25 公克

1 將滷包材料放進藥材袋裡
2 大湯鍋中放入滷包和所有材料，熬煮 1 ～ 3 小時
3 之後隨個人喜好，將材料放入滷汁中熬煮成滷味

師傅沒說你不知道的事
- 材料隨人喜好，可放任何喜歡的食材。
- 滷味技巧：鴨翅開蓋滷 45 ～ 50 分鐘；豆乾悶滷 60 分鐘之後關火悶 90 分鐘；海帶開蓋滷 15 分鐘悶 30 分鐘；豬蹄筋悶滷 60 分鐘悶 120 分鐘。

滷牛三寶

材料

- 老薑 5～6 片、蔥 3 根、米酒 2 大匙、牛腱 1 大條、牛肚 1 塊、牛筋 2 根、蔥花少許
- 滷汁：水 5000cc、醬油 750cc、冰糖 150 克、乾辣椒 25 克、鹽 50 克、蔥 150 克、米酒 50 克

1　煮一鍋水，鍋中放入老薑、蔥和米酒，水滾後放入牛腱、牛肚、牛筋，大火滾 2 分鐘之後關火，悶 5 分鐘之後撈起，冷水洗淨備用

2　一大湯鍋中將所有滷汁材料放入，水滾後放入牛腱、牛肚、牛筋，滷鍋滾後轉小火，蓋 9 分蓋繼續悶煮

3　悶煮 2 個鐘頭之後將牛肚撈起；3 個鐘頭之後牛腱、牛筋撈起

4　牛腱、牛肚、牛筋撈起後放入冰箱置涼，冷卻後取出切片（冷卻後變硬會比較好切），上桌前可撒上一些蔥花點綴

Chapter 12

傷心小卷米粉

「傷心酸辣粉」之所以叫這個名字，是因為吃起來又酸又辣，讓人眼淚直流，不過這次要介紹的不是酸辣粉，而是老闆娘的私房料理「小卷米粉」！

某次偶然間，看到朋友做了這道料理，滿滿的食材香氣十足，加上吸滿湯汁的米粉，看得讓人垂涎欲滴口水直流，立刻請教了食譜，一問之下才知道原來是「傷心酸辣粉」老闆娘的私房料理。

滿心歡喜在家試做之後，發現不但作法簡單，而且非常美味可口，食材清爽健康，大人小孩都喜歡，真是百吃不膩！當下心中便想著要將道美味分享給大家，感謝老闆娘不藏私，願意讓我將這道食譜收藏在書中，讓大家也能在家做出這麼棒的料理，讀者們真的是有福啦！

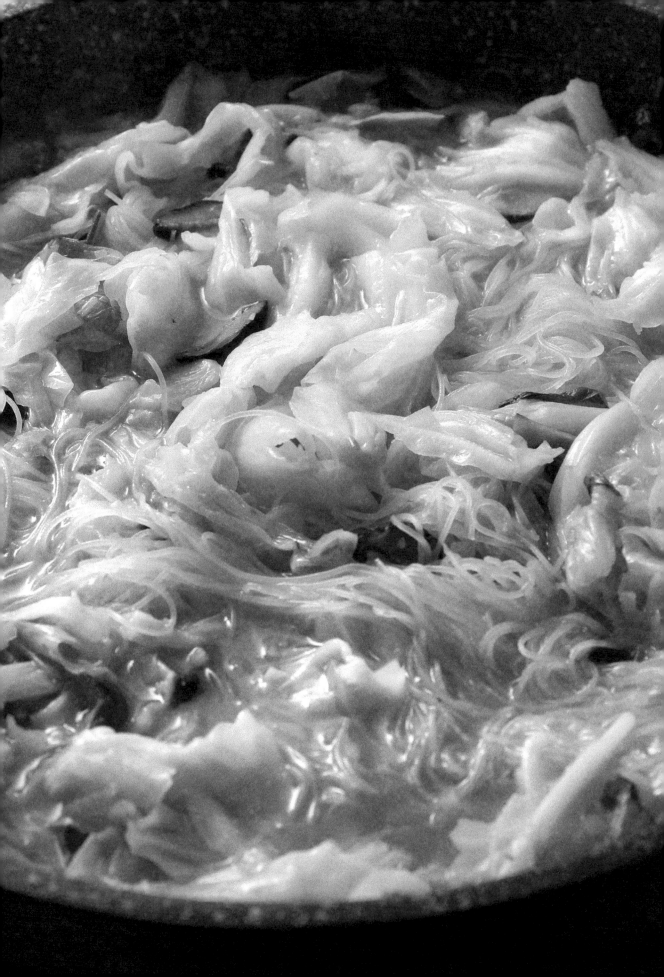

小卷米粉

材料

蝦米 30 公克、香菇 100 公克、紅蔥頭 200 公克、蒜苗 200 公克、蔥 200 公克、高麗菜 1 顆、小卷 2 斤、蛤蜊 1.5 斤、虎牌米粉 1 包中粗、豬板油 1 塊、雞高湯 2 公升、鹽巴少許、胡椒粉少許、芹菜末少許

1　蝦米泡熱水，瀝乾；香菇泡熱水，瀝乾切絲；紅蔥頭切末；蒜苗拍過之後斜片；蔥切段；高麗菜撥開成一片片；小卷洗淨切段；蛤蜊加鹽巴吐沙；米粉泡熱水之後撈出備用

2　豬板油爆香後放入紅蔥頭炒至金黃，再下香菇絲爆香，之後加入蝦米、蒜苗和蔥段，待蔥白微焦之後放入高麗菜炒香

3　之後放入雞高湯，中火煮 10 分鐘，再放入米粉滾 15 ～ 20 分鐘

4　轉大火放蛤蜊，殼開了之後放入小卷煮 1 分鐘之後關火

5　用胡椒和鹽巴調味，撒上芹菜末之後即可上菜

Chapter 13

K姐私房小料理

　　從小就愛吃牛肉麵,而且百吃不膩,
吃過各地的牛肉麵,也嘗試過不同的食譜,
終於做出最符合心水的家常紅燒牛肉麵,在
此迫不及待要和大家分享!

　　K姐牛肉麵不但作法簡單,而且非常
可口美味,給自己和家人,一定選用最新鮮
上等的食材,而且保證絕對不加任何味精,
大人小孩都可以放心享用。

　　吃熱騰騰的牛肉麵,當然要當配一些
涼拌小菜啦,K姐特別選了兩道非常簡單、
爽口又解膩的小菜和大家分享,炎炎夏日搭
配酸酸辣辣的涼菜絕對讓你胃口大開,跟牛
肉麵也是天衣無縫的絕佳的組合喔!

紅燒牛肉麵

材料

牛骨 2 斤、水 2 公升、牛腱心 2 大條、牛筋 2 條、番茄 2 顆、洋蔥 2 顆、蔥 4 支、八角 2 顆、米酒 1 大匙、黃豆瓣醬 2 大匙、黑豆瓣醬 2 大匙、四季醬油 2 大匙、老抽 1 大匙、冰糖 2 顆、水 1 公升、白麵條、蔥花少許

1 牛骨洗淨，加 2 公升水用中大火滾 2 小時熬成高湯；牛腱和牛筋滾水燙過備用；番茄、洋蔥切塊，蔥切段

2 用一大炒鍋，放一點油，將番茄、洋蔥、蔥段、八角爆香，之後放入牛腱、牛筋和米酒，炒至表面焦香

3 鍋中放入黃豆瓣醬、黑豆瓣醬、醬油、老抽和冰糖，炒至香氣出來，再加入牛骨高湯大火滾 5 分鐘

4 之後可將整鍋湯倒入壓力鍋，按「蹄筋」悶煮一次，或是倒入大湯鍋，大火滾 10 分鐘之後轉小火悶煮 2～3 小時

5 牛腱和牛筋取出，放入冰箱置涼之後，牛腱切厚片，牛筋切段

6 將牛肉湯中的材料濾掉只剩湯汁，再將牛腱和牛筋放回鍋中煮滾

7 煮白麵條，撈起放入大碗中，將牛肉湯和湯料盛放在麵上，再撒上些蔥花即可上菜

師傅沒說你不知道的事

● 在家料理以簡單方便為主，如果覺得熬牛骨高湯太費時，用清水煮味道也很不錯，差不多就可以了。

涼拌皮蛋木耳

材料

大蒜3顆、小紅辣椒2支、薑1小塊、蔥2根、、香菜1株、皮蛋4顆、小木耳1杯、鎮江烏醋3大匙、陳醋2大匙、糖1茶匙、鹽1茶匙、香油1茶匙

1　大蒜、小紅辣椒切末；薑切絲；蔥用蔥絲刀拉成蔥絲；香菜撕碎；皮蛋稍微蒸一下讓中間的溏心變硬才不會黏刀，之後一開四；小木耳用滾水煮一下，撈出瀝乾

2　將皮蛋和木耳放入一大碗中，加入蒜末、薑絲、蔥絲、辣椒絲、烏醋、陳醋、糖和鹽拌勻，放入冰箱醃20分鐘

3　吃之前拌入香油和香菜碎即可上菜

師傅沒說你不知道的事

● 口味可隨個人喜好斟酌調整，如不吃辣可以不放辣椒。

涼拌小黃瓜

材料

小黃瓜 3 支、大蒜 2 ～ 3 顆、小紅辣椒 2 支、鹽 1 茶匙、糖 1 大匙、白醋 3 大匙

1　小黃瓜用刀面拍裂，去掉籽的部分；大蒜、小紅辣椒切末

2　將小黃瓜放入保鮮盒中，放入蒜末、辣椒末、鹽、糖和白醋拌勻

3　將保鮮盒蓋子蓋上，搖一搖使其入味，放入冰箱醃 10 分鐘，盛盤後即可上菜

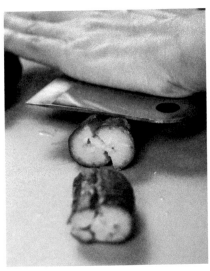 

舌尖上的K姐之
大師的家宴

作　　　者	K姐
攝　　　影	于魯光
人物攝影	楊志雄（P.4、38、94、128、129、148、149）
	WaWa（P.2、47、95、150、151）
編　　　輯	K姐
校　　　對	K姐
發 行 人	程安琪
總 策 畫	程顯灝
總 編 輯	呂增娣
主　　　編	徐詩淵
資深編輯	鄭婷尹
編　　　輯	吳嘉芬、林憶欣
美術主編	劉錦堂
美　　　編	曹文甄、黃珮瑜
行銷總監	呂增慧
資深行銷	謝儀方、吳孟蓉
發 行 部	侯莉莉
財 務 部	許麗娟、陳美齡
印　　　務	許丁財
出 版 者	橘子文化事業有限公司

總 代 理	三友圖書有限公司
地　　　址	106台北市安和路2段213號4樓
電　　　話	(02) 2377-4155
傳　　　真	(02) 2377-4355
E-mail	service@sanyau.com.tw
郵政劃撥	05844889 三友圖書有限公司
總 經 銷	大和書報圖書股份有限公司
地　　　址	新北市新莊區五工五路2號
電　　　話	(02) 8990-2588
傳　　　真	(02) 2299-7900
製版印刷	鴻嘉彩藝印刷股份有限公司
初　　　版	2018年6月
一版二刷	2018年7月
定　　　價	新臺幣400元
I S B N	978-986-364-121-6（平裝）

SAN YAU
http://www.ju-zi.com.tw
三友圖書
友直 友諒 友多聞

國家圖書館出版品預行編目 (CIP) 資料

舌尖上的K姐之大師的家宴 / K姐著. -- 初版.
-- 臺北市：橘子文化，2018.06
　　面；　公分
ISBN 978-986-364-121-6（平裝）

1.食譜
427.1　　　　　　　　　　107006075

就是愛海鮮

食在新鮮/客人像家人般的對待/年輕創業/零售新思維

就是愛海鮮創立於2014年，由年紀不到26歲的年輕老闆劉建賢所創立，主要於各大網路平台銷售及批發，從小喜愛海鮮又對做生意非常有興趣的他，不僅在挑選新鮮食材上非常講究，也對於市場有高度的敏銳度。現今的大環境惡劣及直播的競爭中讓他一直尋找市場上可以突破點，最後他以「3F」理念殺出重圍：「新鮮-Fresh、快速到貨-Fast、像朋友般的感覺-Friend」。

滿滿人情味的海鮮 網購海鮮首選

在網路海鮮競爭群雄爭霸中，年僅26歲的海鮮創業家，到底是用什麼方式征服每個老饕？讓品牌能逆勢上漲呢。是的，他靠的是難以被取代的「台灣人情味」讓品牌短短四年讓業績年年成長50%。

依照季節提供不一樣的明信片

老闆親自手寫明信片內容

海鮮創業家劉建賢在22歲那年因緣際會下開始進行網路海鮮銷售，當時許多人不看好，認為剛畢業又沒有龐大的資金，應該很快就收起來了，但他憑藉著不服輸的個性，在品牌成立一年後開始有穩定的客源，能有這樣的成績，他謙虛地說：「一切都是運氣好！」。

聽他娓娓道來創業過程，歷經許多挑戰，像是貨源不穩定、資金不足、通路壓力、下游廠商惡性倒閉等等，讓他數度想放棄，但不服輸的個性，讓他開始嘗試以「人情味」為思考方向，像對待家人般的對待客人，每次都以手寫明信片來拉近與客人之間的距離，持續了一年，漸漸看到回流的客人，讓整個品牌慢慢走向穩定成長。

藉由細心教學讓消費者買回去的食材都能有最完美的呈現

這樣亮眼的成績，全來自於最有人情味的服務，從客人詢問、購買、出貨、到貨、料理教學、手寫感謝明信片、食用心得，每個細節都非常講究，尤其是手寫明信片，每封都是親筆手寫，每次購物都能收到不一樣內容的明信片，就像是家人般的問候，親切的服務很快就深受大家歡迎，也很快的在海鮮網購市場中成為許多人首選的對象。

親愛的讀者：

感謝您購買《舌尖上的K姐之大師的家宴》一書，為感謝您對本書的支持與愛護，只要填妥本回函，並寄回本社，即可成為三友圖書會員，將定期提供新書資訊及各種優惠給您。

姓名 _____ 出生年月日 _____
電話 _____ E-mail _____
通訊地址 _____
臉書帳號 _____
部落格名稱 _____

1 年齡
☐18歲以下　　☐19歲～25歲　　☐26歲～35歲　　☐36歲～45歲　　☐46歲～55歲
☐56歲～65歲　　☐66歲～75歲　　☐76歲～85歲　　☐86歲以上

2 職業
☐軍公教 ☐工 ☐商 ☐自由業 ☐服務業 ☐農林漁牧業 ☐家管 ☐學生
☐其他 _____

3 您從何處購得本書？
☐博客來　☐金石堂網書　☐讀冊　☐誠品網書　☐其他 _____
☐實體書店 _____

4 您從何處得知本書？
☐博客來　☐金石堂網書　☐讀冊　☐誠品網書　☐其他
☐實體書店 _____ ☐FB（三友圖書-微胖男女編輯社）
☐好好刊（雙月刊）　☐朋友推薦　☐廣播媒體 _____

5 您購買本書的因素有哪些？（可複選）
☐作者 ☐內容 ☐圖片 ☐版面編排 ☐其他 _____

6 您覺得本書的封面設計如何？
☐非常滿意 ☐滿意 ☐普通 ☐很差 ☐其他 _____

7 非常感謝您購買此書，您還對哪些主題有興趣？（可複選）
☐中西食譜 ☐點心烘焙 ☐飲品類 ☐旅遊 ☐養生保健 ☐瘦身美妝 ☐手作 ☐寵物
☐商業理財 ☐心靈療癒 ☐小說 ☐其他 _____

8 您每個月的購書預算為多少金額？
☐1,000元以下　☐1,001～2,000元　☐2,001～3,000元　☐3,001～4,000元
☐4,001～5,000元　☐5,001元以上

9 若出版的書籍搭配贈品活動，您比較喜歡哪一類型的贈品？（可選2種）
☐食品調味類　　☐鍋具類　　☐家電用品類　　☐書籍類　　☐生活用品類　　☐DIY手作類
☐交通票券類　　☐展演活動票券類　　☐其他 _____

10 您認為本書尚需改進之處？以及對我們的意見？
_____

感謝您的填寫，
您寶貴的建議是我們進步的動力！